第9問

豆腐にふくまれる水分はどれくらい？
①約30%　②約50%　③約90%

第8問

農作物の栽培に必要な水を
川などから取り入れて流す水路を
なんていう？

①上水道　②下水道　③用水路

第10問

貝のカキは何を食べて
成長する？
①窒素やリン
②植物プランクトン
③海そう

第7問

地球上にある水がふろ1ぱい分だとすると、
わたしたちが利用できる水は
どれくらい？

①大さじ1ぱい　②コップ1ぱい　③バケツ1ぱい

第6問

神社やお寺でお参りする前に、
手や口をすすぐことをなんていう？
①手水　②打ち水　③水ごり

答えは47ページを見てね！

4 水のひみつ大研究

水資源を調査せよ！

監修 西嶋 渉

水谷清太

小学4年生。好奇心旺盛な男の子。趣味はペットのメダカの世話とダムめぐり。

リュウ

竜神の化身。清太とモアナに、水のことをいろいろと教えてくれる。好物はゼリー。

七海モアナ

小学4年生。ハワイ生まれの元気いっぱいな女の子。趣味はおしゃれと海釣り。

水のひみつ大研究 4
水資源を調査せよ！

もくじ

この本の特色と使い方

● 『水のひみつ大研究』は、水についてさまざまな角度から知ることができるよう、テーマ別に5巻に分けてわかりやすく説明しています。

● それぞれのページには、本文やイラスト、写真を用いた解説とコラムがあり、楽しく学べるようになっています。

● 本文中で (➡○ページ)、(➡○巻) とあるところは、そのページに関連する内容がのっています。

● グラフには出典を示していますが、出典によって数値が異なったり、数値の四捨五入などによって割合の合計が100%にならなかったりする場合があります。

● この本の情報は、2023年2月現在のものです。

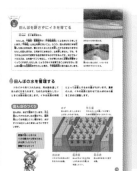

実際にはたらく人のお話をしょうかいしています。

本文に関係する内容をほり下げて説明したり事例をしょうかいしたりしています。

自分で体験・チャレンジできる内容をしょうかいしています。

国内外の過去にさかのぼって、歴史を知ることができます。

「水は資源」ってどういうこと？

水は家庭で使われるだけではなく、
学校、会社、まちの中のお店や公園などでも使われています。
農業、工業といった産業活動でも欠かせません。
水はわたしたちのくらしをささえる「資源」なのです。
この巻では、資源としての水について学びます。

水は、まちでどんなことに
使われているのかな？
→32〜33ページ

水の力で、電気エネルギーを
つくれるんだって！
どうやってつくるんだろう？
→38〜43ページ

日本では、海水を利用した
養殖がさかんだよ。
何を養殖しているのかな？
→20〜21ページ

水に関係する
文化や風習には
どんなものがあるかな？
→34〜35ページ

農業では
水をどんなことに
使っているのかな？
➡10〜17ページ

水を利用する
伝統産業には
どんなものがあるかな？
➡28〜31ページ

工業では
水をどんなことに
使っているのかな？
➡22〜26ページ

1 資源としての水

水は、毎日の生活のなかで使われるほかに、農業、工業など、
「水資源」としてさまざまなところで利用されています。

わたしたちの生活をささえる水

水は、家の中ではふろやトイレ、台所などで使われています。では、家以外ではどうでしょうか。たとえば、会社や施設のトイレ、飲食店の調理場などで水が使われます。この水を、「都市活動用水」といいます。また、田んぼで米をつくったり、畑で野菜を育てたりするのにも水が使われます。この水を「農業用水」といいます。工場で製品をつくるときに、部品を洗浄したり冷やしたりするのにも使われます。この水を「工業用水」といいます。そのほかに、電力をつくるためにも使用されます。水は「水資源」としてさまざまなところで使われています。

さまざまな水の使い道

生活用水、農業用水、工業用水や発電などに使われています。

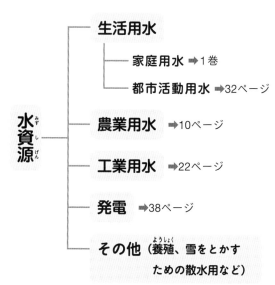

水資源
- 生活用水
  - 家庭用水 ➡1巻
  - 都市活動用水 ➡32ページ
- 農業用水 ➡10ページ
- 工業用水 ➡22ページ
- 発電 ➡38ページ
- その他（養殖、雪をとかすための散水用など）

日本では年間約785億㎥の水が使われている

実際に、わたしたちはどれくらいの水を使っているのでしょうか。使用する水の多くをしめる生活用水、農業用水、工業用水を合わせて、年間約785億㎥の水を使っています（国土交通省調べ、2019年の取水量）。これは、滋賀県にある日本一大きい湖・琵琶湖の水量の約3倍近い量になります。

琵琶湖の水量
約275億㎥

日本の水の年間使用量は琵琶湖の約3倍！

日本での水の使われ方

生活用水、農業用水、工業用水の使用の割合を見ると、農業用水がもっとも多く使われています。

出典：国土交通省「令和4年版日本の水資源の現況」(2022年)

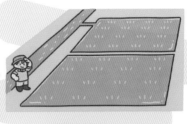

ぼくたちが生活の中で直接使う水のほかに食べ物やいろいろな物をつくるときにも水が使われているんだね！

工業用水

製品の原料としてや製造の過程で水が使われる。工業では、ここにはふくまれない回収水（➡25ページ）を多く利用している。

農業用水

農業用水は全体の水使用量の約3分の2をしめている。農業では、米や野菜を育てるために水を使う。

年間使用量
約785億㎥/年
（2019年）

工業用水
103億㎥
13.2%

生活用水
148億㎥
18.9%

農業用水
533億㎥
67.9%

生活用水
（家庭用水・都市活動用水）

家庭や学校、会社の水道水として水が使われる。そのほか、まちにある公衆トイレ、噴水などにも使われる。

1巻で、生活用水のうちの「家庭用水」について学んだね！

この巻では「農業用水」「工業用水」「都市活動用水」についてくわしく見てみよう！

かぎられた水資源

わたしたちが使っている水は、どこから来るのでしょうか。それは、すべて自然の中から来ています。地球上にある水は、もともとは地上に降った雨で、地中にしみて地下水となったり、わき出て川や湖となったりします。わたしたちは、その水を水資源として利用しています。

けれど、水資源はいくらでもあるわけではありません。地球上にはおおよそ14億km³の水があるとされていますが、その97.5％は海水などです。海水は塩分が多くふくまれているため、

そのままでは使うことができません。

残りの2.5％は、「淡水（真水）」とよばれる塩分をほとんどふくまない水です。淡水は、氷河の厚い氷や地下水、川や湖の水として地球上に存在しています。しかし、氷河は北極や南極といった極地にあり、地下水の多くは地中深くにあります。人間がおもに利用できるのは、地球上の水全体のわずか0.01％の川や湖の水や、地下水の一部ということになります。

地球上にある水

地球上のほとんどの水は海水で、残りの淡水のうち、人が使えるのは川や湖の水などわずかな量しかありません。

出典：国土交通省「令和４年版日本の水資源の現況」（2022年）
※南極大陸の地下水はふくまれていない。

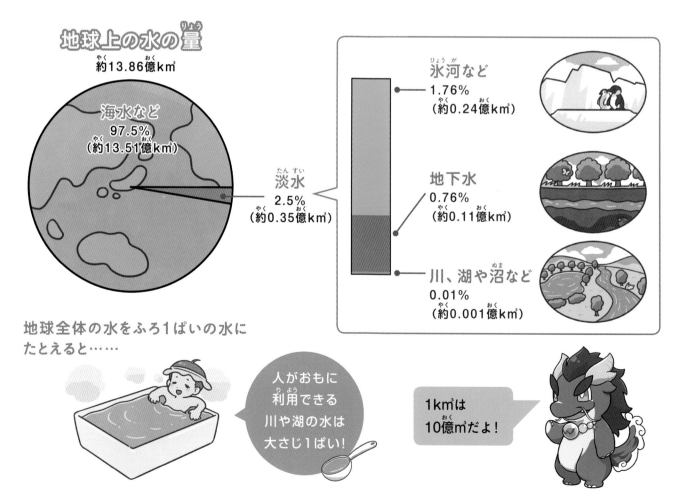

地球上の水の量
約13.86億km³

海水など
97.5％
（約13.51億km³）

淡水
2.5％
（約0.35億km³）

氷河など
1.76％
（約0.24億km³）

地下水
0.76％
（約0.11億km³）

川、湖や沼など
0.01％
（約0.001億km³）

地球全体の水をふろ1ぱいの水にたとえると……

人がおもに利用できる川や湖の水は大さじ1ぱい！

1km³は10億m³だよ！

世界の中で多くはない日本の水資源

日本は世界の中でも降水量が多く、水が豊かな国といわれています。実際に世界の平均年間降水量が1171mmであるのに対し日本は約1668mm（2022年）で、約1.4倍となっています。

しかし、日本は6月ごろの梅雨と9〜10月の台風シーズンに雨が集中し、年間を通し降水量を見ると、大きなかたよりがあります。また、急な流れの川が多く、たくさん雨が降ってもその

まま海へと流れ出てしまうため、降水量が多くても、水資源として確保できる量は少ないのです。加えて、日本は国土の面積に対して人口密度が高く、ひとりあたりの降水量や利用できる水の量は多くありません。国土交通省の調べによると、1年間にひとりが利用できる水の量は、世界平均が7101㎥であるのに対し、日本は3390㎥と、世界平均の半分以下となっています。

日本と世界の年間降水量とひとりあたりの水資源量

使える水資源の量は、国や地域によってかたよりがあります。日本は世界の国ぐにとくらべると、水資源が多いほうではありません。

※水資源量は、水資源賦存量（降水量から蒸発によって失われる量をひいたもので、人間が最大限利用可能な水の量）で表している。
出典：国土交通省「令和4年版日本の水資源の現況」（2022年）、国連食糧農業機関（FAO）「AQUASTAT」の2022年9月アクセス時点の最新データをもとに国土交通省水資源部が作成。

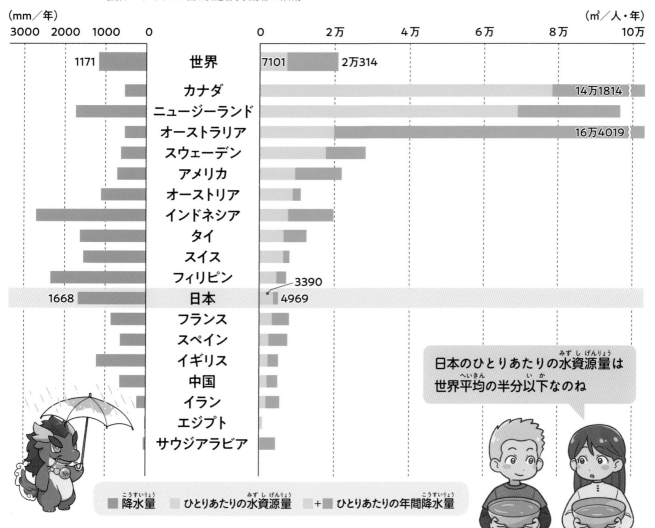

（mm／年）
3000 2000 1000 0 ／ 0 2万 4万 6万 8万 10万 （㎥／人・年）

	降水量	ひとりあたりの水資源量	+ ひとりあたりの年間降水量
世界	1171	7101	2万314
カナダ			14万1814
ニュージーランド			
オーストラリア			16万4019
スウェーデン			
アメリカ			
オーストリア			
インドネシア			
タイ			
スイス			
フィリピン			
日本	1668	3390	4969
フランス			
スペイン			
イギリス			
中国			
イラン			
エジプト			
サウジアラビア			

日本のひとりあたりの水資源量は世界平均の半分以下なのね

2 食料生産に欠かせない水

米や野菜をはじめ、食料を生産するためには多くの水を使います。
どのように水が使われるのか見てみましょう。

農作物をつくるために使われる「農業用水」

水は、農業、漁業、食品製造など、さまざまな食料生産のために使われます。このうち、農業で使われる水を「農業用水」といいます。

農業用水には、田んぼでイネを栽培するために使う「水田かんがい用水」、野菜やくだものなどを栽培するために使う「畑地かんがい用水」、家畜を飼育するために使う「畜産用水」があります。そのなかでもっとも多くの水が使われているのは水田かんがい用水で、農業用水全体の9割以上をしめています。

日本の農業用水の使われ方

農業用水の内訳を見ると、水田のかんがいにもっとも多く利用されています。

出典：国土交通省「令和4年版日本の水資源の現況」(2022年)
※耕地の整備状況、かんがい面積、家畜飼養頭羽数などをもとに国土交通省水資源部が推計。

畑地かんがい用水
30億㎥
野菜などの生産に必要な水。貯水池などから畑まで水を引く。

畜産用水　4億㎥
ウシやブタ、ニワトリなどの家畜を飼育するために使う水。家畜の飲み水のほか、飼育施設の掃除や卵を洗うときなどにも使われる。

0.8%

5.6%

年間使用量
533億㎥/年
(2019年)

93.6%

夏の暑い日1日に
10アール（10m×10mを10まい分）の田んぼのイネは約6.5㎥の水を吸うんだ
（農林水産省HPより）

水田かんがい用水
499億㎥
米づくりに必要な水。川などから田んぼに引き入れて使う。

💧 人が水管理をおこなう かんがい用水

　水田・畑地かんがい用水の「かんがい」とは、米や野菜の生育に必要な水を農地に引きこむことをいいます。農作物の栽培には雨水を利用することができますが、それだけでは足りない分をおぎなったり、人が水量を管理・調整したりするために、かんがいをおこないます。

　水田かんがいでは、田んぼに水をためるために、川などの水を用水路に引き入れて利用します。一方、畑地かんがいでは、貯水池などから畑まで管水路（パイプを使った水路）を通して水を引き入れます。とくに雨水が直接あたらないビニールハウスなどの施設栽培では、さまざまな散水のくふうがされています。

かんがい用水は
肥料や農薬を水にとかして
農作物に散布するときにも
使われるんだって！

おもなかんがい施設

かんがい施設を利用し、田んぼや畑に水を送ります。

せき
川
用水路

水田かんがい施設

川の水をせきとめて取水する「せき」や、取水した水を通す「用水路」などがある。

畑地かんがい施設

農作物に水をまくためのスプリンクラー。

もっと
知りたい！

農業用水のさまざまな役割

　農業用水は、かんがい用水や畜産用水としてだけではなく、防火用水や、積雪地域では雪を流すための水などとしても利用されてきました。また、田んぼ近くの小さな用水路がメダカなどの生き物のすみかとなるなど、農業用水が生態系をはぐくむ役割も果たしてきました。

　こうした役割に再注目する動きが高まり、用水路の清掃や草刈りなど、農業用水の保全と活用に取り組む地域が増えています。

冬の用水路のようす。用水路があることで、降り積もった雪を流してとかすことができる。

田んぼの近くの小さな用水路には、メダカやタニシなどさまざまな生き物がすんでいる。

田んぼは
水を取りこみやすい
川の近くにつくられて
いることが多いよ

米づくりと水

自然の中の水をむだなく使う田んぼのかんがい

水田かんがいでは、川やため池（かんがい用の水をためておく池）などから水を取り入れて利用します。川の水は森林に降った雨が土にしみ、地下からわき出したもので、土や落ち葉などの栄養をふくんでいます。イネはこの栄養を吸い上げて成長します。

水田かんがいでは、自然の中をじゅんかんする水をむだなく利用しています。田んぼに降った雨や川から田んぼに取り入れた水のうち、半分が地中にゆっくりとしみこんでいきます。残りの水のおよそ半分が田んぼの水面やイネの葉から蒸発散し、残りは田んぼから排水され川に流れていきます。つまり田んぼで使った水のほとんどが自然に返されます。

田んぼを取りまく水環境

雨水が森林にしみこみ、この水が川の水となって田んぼをうるおしています。

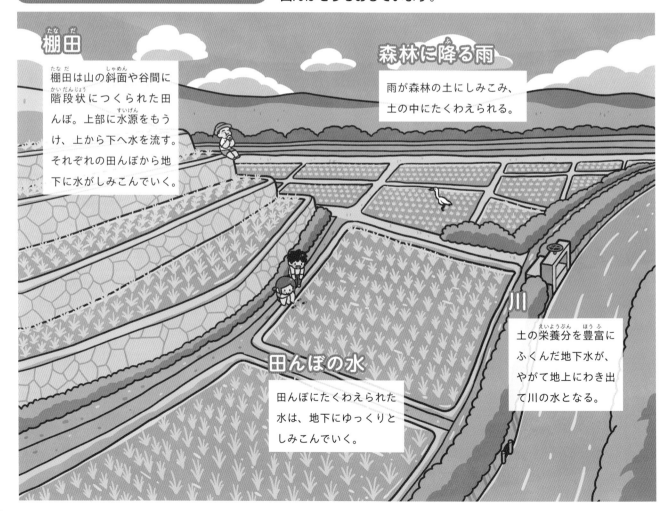

棚田
棚田は山の斜面や谷間に階段状につくられた田んぼ。上部に水源をもうけ、上から下へ水を流す。それぞれの田んぼから地下に水がしみこんでいく。

森林に降る雨
雨が森林の土にしみこみ、土の中にたくわえられる。

田んぼの水
田んぼにたくわえられた水は、地下にゆっくりとしみこんでいく。

川
土の栄養分を豊富にふくんだ地下水が、やがて地上にわき出て川の水となる。

田んぼを耕さずにイネを育てる

50noen　五十嵐武志さん

わたしは、千葉県・南房総市で「不耕起栽培」による米づくりをしています。「不耕起」とは土を耕さないこと。ふつう、田んぼは秋に米を収穫したあと水をぬき、春にかたくなった土を耕してから水をはりますが、わたしの田んぼでは、2月までに水をはり、土を耕しません。でも、そうすると水の中で成育する生き物のすみかができるんです。なかでもイトミミズは、土を食べてフンを出し、イネが育つために必要な栄養をつくってくれます。わたしは、じょうぶなイネを育てることはもちろん、田んぼの豊かな生態系を守りたいと考え、不耕起栽培に取り組んでいます。

水をはった冬の田んぼ。

耕さない田んぼが、いろいろな生き物のすみかになる。

💧 田んぼの水を管理する

　川などから取り入れた水は、用水路を通して田んぼに引き入れます。ためた水を減らしたいときには排水路に流します。イネは成長の時期によって必要とする水の量がちがいます。農家の人は、イネの成長に合わせて田んぼの水の量をこまめに調整します。

田んぼのつくり

田んぼは、あぜで囲まれています。作土層というやわらかい土の層の下に、鋤床層という水を通しにくい層があり、水がすぐには土にしみこまないようにできています。

気温が低いときには
イネを寒さから守るために
水を深くしたりして
調整するんだって

あぜ
田んぼのしきり。土をもり上げおしかためてある。

作土層
やわらかい土の層。イネが育つための栄養分がふくまれている。

用水路
川などの水を田んぼに引き入れる水路。

鋤床層
ねんどのような土がおしかためられた層。水を通しにくい。

排水路
田んぼの水を川に流す水路。

水を公平に分配する「円筒分水工」

「円筒分水工」は農業用水を正確に分配するための施設です。
大正時代に考え出され、昭和時代に各地につくられるようになりました。

たびたび起こった「水争い」

江戸時代、農村では、川の水の分配をめぐる争いがたえませんでした。日照りがつづくと川の水が少なくなります。すると、みな自分の田んぼにより多くの水を引こうとして争いが起きたのです。水が足りなくなりそうなときは、所有する田んぼの面積などによって水を使う順番や量を決める、「番水」がおこなわれました。それでも、順番を守らない人がいるなどして、ときには死者が出るほどのはげしい争いになりました。

貴重な川の水を取りあって、各地で水争いが起こった。

各地で分水施設がつくられる

大正時代に入ると、必要なところへ必要な量の水を流す「分水工」という施設が考え出されました。分水工は改良が重ねられ、昭和初期に現在のかたちが完成します。なかでも「円筒分水工」は、水を確実に平等に分けられること、正確な分配が目で見てわかることなどから重宝され、水争いの解消に役立ちました。円筒分水工は全国各地につくられ、今でも使われているものもあります。

円筒分水工のしくみ

川から引いた水が円筒の中心からあふれ出し、仕切りで分けられた水路へと流されます。仕切りの間隔を変えて、分配する水の量を調整しています。

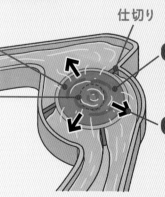

大きな円筒の中に小さな円筒がある

仕切り

1 中心部に小さな円筒があり、川から引いた水がそこから入ってくる。

2 小さな円筒からあふれた水が、大きな円筒の内側にたまる。

3 大きな円筒からあふれた水は、仕切りで分けられた水路に流れる。

富山県魚津市にある円筒分水工（東山円筒分水槽）。

調べてみよう

地域にはどんな用水路があるの?

用水路の名前に「疎水」「井路」「分水」とつくことがあるよ!

日本各地には、地域の農業や工業を発展させてきたさまざまな用水路があります。自分の住んでいる地域にある用水路を調べてみましょう。

水を遠くに運ぶ用水路

日本で大きな用水路がつくられるようになったのは、江戸時代のことです。当時、米はお金と同じくらい価値がありました。そのため、米の収穫を増やそうと、田んぼを開拓して広げる新田開発が各地で進み、合わせて用水路も整備されました。そのころにつくられた代表的な用水路に、「見沼代用水」などがあります。

明治時代になると、農業や工業が発達し、そのための用水路がつくられました。その代表に「安積疎水」があります。

用水路ができたことで、水源がなかった地域でも農業ができるようになり、さらに工業用水としても使用されるようになりました。

見沼代用水

埼玉県の北東部から南部にかけて流れる用水路。利根川から水を取り入れ、周辺の1万5000haの田んぼをうるおしている。

安積疎水

福島県安積原野にある、猪苗代湖が水源の用水路。写真は、安積疎水に水を流すために、猪苗代湖の水位を調整している十六橋水門。

地域の用水路について調べよう

地域にある用水路について調べてみましょう。インターネットの検索サイトで地域名＋「農業用水」と入力すると、地域にある用水路を調べることができます。市区町村名を入力して調べられないときは、都道府県名を入力して検索してみましょう。

地域にある用水路がわかったら、使い道や水源、つくられた理由などを調べてまとめてみましょう。

調べる項目

地域にある農業用水について調べてみましょう。

- ☐ 用水路の名前
- ☐ 用水路がある場所
- ☐ 水源
- ☐ 完成した年
- ☐ 長さ（延長）
- ☐ かんがい面積
- ☐ つくられた理由

どんな場所で
どんなふうに水を
利用して農作物を
つくっているのかな？

水を使って育てる野菜

野菜によってちがう水の利用のしかた

野菜は畑で栽培するほかに、ビニールハウスで栽培することもあります。また、土の畑だけではなく、土を使わない水耕栽培や石をしいた田んぼで育てる野菜もあります。どんな野菜も、根から水を吸い上げ水にふくまれている栄養を吸収して育つので、水の管理が大切です。それぞれの野菜栽培で水の利用のしかたをくふうしています。

南アルプスの地下水を利用した水耕栽培

山梨県北杜市にあるNXアグリグロウの農場では、南アルプスの山やまから流れる地下水を利用した水耕栽培をおこなっています。水耕栽培とは、土を使わずに水と液体の肥料だけで野菜を育てる方法です。ビニールハウスなどの屋内で、土を使わず育てると、虫がついたり病気になりにくいため、農薬を使わなくてよいという利点があります。NXアグリグロウの水耕栽培では、植物を植えたベンチと地中にうめたタンクをパイプでつなぎ、ポンプを使ってつねに水をじゅんかんさせています。水温や水にとかす肥料の量は、あらかじめ設定し、自動で調整するしくみです。この方法によって、自然環境に左右されにくい野菜づくりができるようになっています。

1万1000㎡のハウス。ハウスをおおうビニールには、日差しを通しやすい素材のものが使われている。

収穫した野菜。シュンギク、ホウレンソウ、ルッコラ、パクチーなどが栽培されている。

長く伸びた根。水をじゅんかんさせながら、根の部分がつねに水にひたるようになっている。

（写真提供：NXアグリグロウ株式会社）

沼地や湖で育つ野菜

野菜は畑で栽培するものばかりではありません。レンコンは沼地や田んぼなど、泥の中で育ちます。泥は水はけが悪く、多くの野菜にとっては悪条件ですが、レンコンは粘土質で保湿性の高い土を好みます。

一方、水草の一種であるジュンサイは、淡水の湖や沼の底に根をはり育ちます。水温10〜25度ほどのきれいな水を好み、少しでも水質が悪くなると育たなくなります。

レンコンの収穫のようす。

ジュンサイの収穫のようす。

清流で育てるワサビ

ワサビは栽培がむずかしい野菜です。冷たくてきれいな水が安定して流れる場所であること、木陰など強い日差しが当たらない場所であることなどいろいろな条件を満たさなくてはよく育ちません。

静岡県・伊豆半島の中央部では、天城山から流れる筏場川や地蔵堂川などの上流にワサビの栽培地があり、湧き水を利用してワサビ栽培をおこなっています。

棚田に植えられたワサビ。

畳石式ワサビ田のしくみ

棚田のワサビ田1枚ごとに、大きな石を下に、砂や小石を上にしきつめ、ワサビを植えます。砂や小石によってろ過されたきれいな水は、田の底を流れて下の段の田にそそがれます。

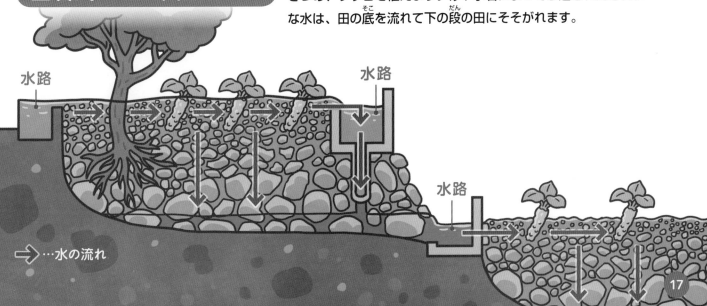

水路

水路

水路

⇒ …水の流れ

17

もっと
知りたい！

水とともにはぐくまれてきた
日本の伝統的な食品

日本ではきれいな地下水を利用して、古くからさまざまな
食品がつくられてきました。
どのように水を生かしているのか見てみましょう。

食品の質を決める地下水

　森や土には、しみこんだ雨水をきれいにする力があります。日本は、山が多く森林が豊かなため、きれいな地下水を手に入れやすい環境がありました。そのため、食品をつくる工程でも、地下水が活用されてきました。

　水はふくまれているカルシウムやマグネシウムなどの量によって、「軟水」と「硬水」に分けられます（➡5巻）。地形や地層の性質から、日本の地下水の多くは軟水です。軟水はカルシウムやマグネシウムなどが少ない水で、食材のうま味や香りを引き出します。この軟水の性質が、日本の伝統的な食品の質を決めるうえで重要です。

豆腐

豆腐は成分の約90％が水で、つくるほとんどの工程に水が使われています。なかでも、豆腐の原料である大豆を水につけてやわらかくする工程では、軟水が重要な役割をになっています。カルシウムが少なくてくせのない軟水は、大豆のうま味を引き出します。

くみ上げた地下水に、大豆をつけてやわらかくするところ。

（写真提供：アフロ）

水の中でカットされた豆腐。水中で切ることで、豆腐がくずれなくてすむ。

（写真提供：アフロ）

水の注ぎ口

豆乳

やわらかくした大豆を、水をくわえながらすりつぶす。くわえる水の量によって、豆腐のもととなる豆乳の濃さが変わるため、豆腐の味の濃さにちがいができる。

（写真提供：アフロ）

豆乳に、にがり（豆乳をかためるための液）を入れてかためた絹ごし豆腐と、にがりを入れて一度かためたものをくずし、圧力をかけて水分をしぼってからふたたびかためる木綿豆腐があるよ！

18

日本酒

成分の約80％が水である日本酒は、つくるときに使う水の質によって、味が変わります。日本酒の原料である米は、こうじ菌や酵母菌といった微生物のはたらきにより「米こうじ」「酒母」につくりかえられます。この米こうじと酒母、蒸した米と水を木だるやタンクに入れて、ゆっくりとまぜ合わせることで、日本酒の味のもととなる「もろみ」ができます。もろみをつくるときに入れる水を「しこみ水」といい、しこみ水が軟水か硬水かで味が変わります。しこみ水が軟水だと口当たりがやさしくてまろやかな味の酒になり、硬水だと濃くてキレのある味になります。

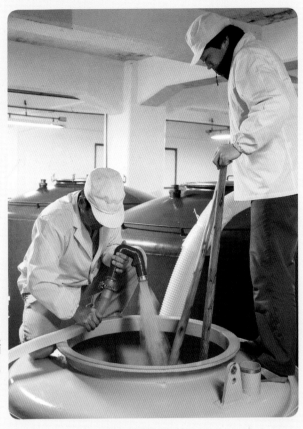

写真は、新潟県の金鵄盃酒造で、しこみ水を入れているところ。

（写真提供：鎌形久／アフロ）

こんにゃく

こんにゃくの成分は約97％が水で、残りはコンニャクイモの食物繊維です。こんにゃくづくりは、コンニャクイモの粉、または皮をむいてゆでて蒸し、すりおろしたものに、少しずつ水をくわえてまぜるところから始まります。すると、コンニャクイモにふくまれていた食物繊維が水をすいとってのり状になります。そこに、「灰汁」とよばれる消石灰などをとかした特別な水をくわえることでかたまり、プルプルとした食感が生まれます。灰汁はかためるだけでなく、コンニャクイモのえぐ味もやわらげます。最後にお湯に入れることで、さらによけいなえぐ味が取れて、おいしいこんにゃくができあがります。

地下水とコンニャクイモの粉をまぜている。粉からつくるときは、海そう粉を入れて黒く色をつける。

（写真提供：重松食品）

のり状になったこんにゃくに、灰汁を入れる。

（写真提供：重松食品）

かたまったこんにゃくをお湯に入れて、えぐ味を取りのぞく。

（写真提供：重松食品）

魚や貝をはぐくむ水

養殖では海や川をどんなふうに利用しているのかな？

海や川を利用して魚介類を育てる

海や川は魚や貝、海そうなどさまざまな命をはぐくんでいます。わたしたちは、そこに自然に育つ魚介類をとるだけでなく、人の手で魚や貝、ノリなどを育てる養殖や、魚を増やすための放流などもおこない、海や川を積極的に利用しています。

陸に降った雨水は、山や森、池や水田、川などをへて海に流れこみます。海の水の質は陸の環境の影響を強く受けます。わたしたちがよごれた水を流せば海もよごれ、ダムなどで川の流れをさえぎれば、山や森から供給される栄養が海にとどきません。

海や川がはぐくむ水産資源をこれからも利用していくには、海や川の環境を守ることのほか、必要以上に魚介類をとりすぎないなどの努力が求められています。

遠浅の海を利用してノリをつくる

現在ノリはほとんどが養殖で生産されています。遠浅の海にノリの胞子（種のようなもの）をつけたあみをはり成長させ収穫します。

ノリは川から流れてくる窒素やリンなどを栄養として吸収し成長します。窒素やリンは土の中にふくまれていて、雨や地下水にとけこんで流れてきます。これらの栄養分は海水や海底にもふくまれます。ノリの成長と水の質は深くかかわっていて、栄養分が少なすぎるとノリがうまく育たず、生活排水などの影響で栄養分が多くなりすぎると、プランクトンが大増殖し赤潮が発生します。

ノリが順調に育つには川と海の生態系のバランスが保たれていないといけません。

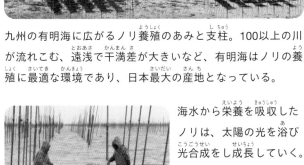

九州の有明海に広がるノリ養殖のあみと支柱。100以上の川が流れこむ、遠浅で干満差が大きいなど、有明海はノリの養殖に最適な環境であり、日本最大の産地となっている。

海水から栄養を吸収したノリは、太陽の光を浴び光合成をし成長していく。

（写真提供：佐賀県）

栄養が少なくても多くてもだめなんだね。バランスが大事なのね

色落ちしたノリ　　　正常なノリ

海水の中の窒素やリンが少なすぎると、「色落ち」というノリの色がうすくなる現象が起きる。

（写真提供：兵庫県立農林水産技術総合センター）

筏に、カキの稚貝（小さな貝）がついた貝殻をつるして育てる。

（写真提供：気仙沼観光推進機構）

海と森が育てるカキ

　カキの養殖の歴史は古く、室町時代に養殖がはじまったとされています。カキは海水から植物プランクトンをこしとり食べて育ちます。森林の落ち葉などにふくまれていた栄養分が川から海に運ばれ、植物プランクトンの成長に使われます。そのため、カキの成長には川の上流に豊かな森林があることが重要です。

　カキの養殖は、波がおだやかな入り江の湾で、流域に森林が豊富な河川が流れこむ場所がもっとも適していて、広島県や宮城県などの沿岸が産地となっています。

栄養分が増えすぎ、プランクトンが大増殖すると水質が悪くなり、海の生物に悪影響をあたえるよ

海と川の水の関係

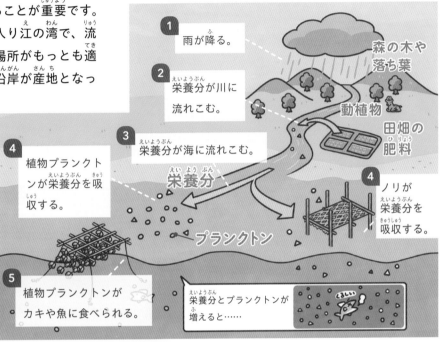

1 雨が降る。

森の木や落ち葉

動植物

2 栄養分が川に流れこむ。

田畑の肥料

3 栄養分が海に流れこむ。

栄養分

4 ノリが栄養分を吸収する。

4 植物プランクトンが栄養分を吸収する。

プランクトン

5 植物プランクトンがカキや魚に食べられる。

栄養分とプランクトンが増えると……

おいしい

もっと知りたい！

いろいろな養殖方法

　養殖にはさまざまな方法があります。海にいけすをつくり魚を育てる「海面養殖」、ウナギやマス、アユなどの魚を池や湖、川などで育てる「内水面養殖」、陸上に水そうをつくり、ヒラメやフグなどの高級魚を育てる「陸上養殖」に大きく分けられます。

　これらの養殖は天然の稚魚をつかまえ、育てて出荷する方法がほとんどですが、それでは稚魚が減ってしまいます。そのため人工の環境で卵からふ化・成長させ、育った成魚から卵をとりだし再びふ化・成長させるという「完全養殖」も、マダイ、ヒラメなどでおこなわれています。

生まれた川にもどってくる性質を利用して、サケは人の手で卵をとり、ふ化・飼育、放流する。3〜5年かけて成長し、川にもどってきたところをつかまえる。写真はサケの稚魚を放流しているところ。

（写真提供：学研／アフロ）

3 工業用水として利用する

さまざまな製品をつくる工場では、たくさんの水が使われています。
工業でどのように水が使われているのか見てみましょう。

💧 ものづくりをささえる水

工場で製品を製造するときには、部品や材料、機械を洗ったり、熱くなったものを冷ましたりと、さまざまな目的で、たくさんの水を使います。このように、工業生産のさまざまな工程で使う水を「工業用水」といいます。工業用水には、水蒸気をつくるボイラーのための水や、工場内の掃除に使われる水もふくまれます。

> 工業製品を
> つくるのに
> 水は欠かせないんだね

工業での水の使われ方

工場での水の使い道は、そのほとんどが製品を冷やすなどの温度調節で、工業用水全体の約80%をしめています。このデータには、一度使用した水を再利用した回収水（➡25ページ）の分もふくまれています。

出典：経済産業省「工業統計調査 確報 用地・用水編」（2014年）

その他
蒸気をつくるボイラーのための水や、加工食品や飲み物、化粧品、洗剤などの原料としての水の利用もふくまれる。

製品や部品を洗う
製品をつくっているときに製品や部品を水できれいにする。

冷やしたり温度を調整したりする
熱くなった機械を冷やしたり、製造工程で製品を冷やすのに使われる。

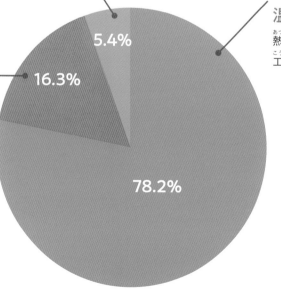

5.4%
16.3%
78.2%

> 工業用水は海水が
> 使われることもあるけど、
> ほとんどの場合、
> 淡水が使われているんだ

洗浄される梅の実。食品工場で材料を洗うのに使う水も多い。

（写真提供：読売新聞／アフロ）

工業用水を多く使用している業種は？

工業用水は、製造の工程において洗浄が必要な業種や高温で素材を加工する業種でたくさん使われます。とくに、木材などの原料をとかしたり洗ったりとさまざまな工程で水を使うパルプ・紙・紙加工品製造業で多くの水が使われています。また、医薬品やプラスチックをあつかう化学工業や、鉄の冷却用に水が必要な鉄鋼業では、大量の工業用水を使用しています。

工業用水としておもに使われている水は、工業用水道でとどけられ、全体の約43％をしめています（2019年）。工業用水道の水は上水道と同じように川の水を処理したものですが、人が飲むものではないので、よごれをしずめる沈でんなどの処理をしただけで、工場に配水されています。ほかに、井戸水（地下水）や上水道の水なども使われています。

水の使用量の内訳

工業用水を使っている業種で、もっとも多いのはパルプ・紙・紙加工品製造業です。この使用量は使った水を再利用した回収水の分はふくまれておらず、新しく使った量だけをしめしています。

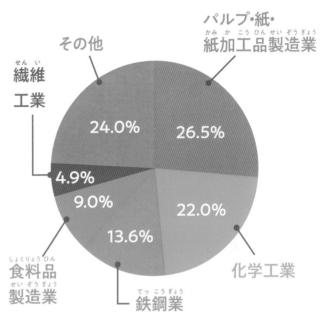

- パルプ・紙・紙加工品製造業 26.5%
- 化学工業 22.0%
- 鉄鋼業 13.6%
- 食料品製造業 9.0%
- 4.9%
- その他 繊維工業 24.0%

出典：経済産業省「工業統計調査 産業別統計表」（2020年）

1トンの鉄をつくるのに100〜150トンの水が使われているんだって

熱した鉄を水で冷やしながらのばしていく圧延作業。製鉄所では加熱や冷却をくりかえすことで強くしたり、加工しやすくしていく。

（写真提供：JFEスチール株式会社）

たくさんの水を使って紙をつくる
パルプ・紙・紙加工品製造業

紙をつくるのに水はどんな役割をになっているんだろう？

紙はおもに細かな木材のチップを原料にしてつくられますが、紙になるまでの工程で水は大きな役割をになっています。

まず、水が活躍するのが原料の木材チップを煮こむときです。蒸解釜という大きな釜のなかで、木材チップを薬品とともに水で煮こみ、パルプという木の繊維を取り出します。次に、パルプの中の細かい異物を取りのぞき薬品で白くします。白くなったパルプは、水で洗われたあと、うすく広げられてシートになります。その後、水分を蒸発させたのち、表面が整えられて、紙ができあがります。

紙ができるまで

紙が木材チップから紙になるまでのようすを、製紙メーカーの大王製紙の工場を例に見てみましょう。

1 紙の原料となる、木材を小さくくだいたチップ。

2 蒸解釜（写真）でくだいたチップを薬品と水で煮て、ドロドロにし、パルプ（木の繊維）をとり出す。

使った水を処理施設できれいにして再利用したり排水したりしているんだって

3 パルプから異物をとりのぞいたあと、漂白装置（写真）で白くする。その後、パルプを水につけて洗い、網の上に広げてシートにする。

（写真提供：大王製紙株式会社）

4 ローラーでシートの水分をしぼったあと、ドライヤーで乾かす。最後にみがくなどして表面を整えて紙ができあがる。できた紙はロールに巻きとられる（写真）。

再利用が進む工業用水

　工場では、一度使った水を捨てずに回収して、きれいな水にもどしてから再利用する「回収水」の利用が進んでいます。なかでも鉄鋼業や化学工業では、回収水の使用率は高く80〜90%の水を回収して使っています。

　鉄鋼業では、水はちりをふくんだ排ガスをきれいにしたり、鉄鋼製品を冷やすのに使われたりします。これらの水は、ちりやさび、油などがふくまれているため、処理施設で異物を取りのぞき、きれいにしてから再利用しています。

工場では水を再利用して大切な水資源をできるだけ使わないようにしているんだよ

製鉄所で使用した回収水の処理施設。沈でんやろ過などでよごれをとりのぞき再利用する。写真の製鉄所では9割以上の水を再利用している。

（写真提供：JFEスチール株式会社）

工業用水の使用量の移り変わり

　1960〜1970年代までの高度経済成長期に、工業での水の使用量は大きく増えましたが、1990年代からはあまり変わっておらず、2000年代以降は減っています。回収水の利用は1975年ごろから進んでおり、現在は全体の8割近くをしめています。

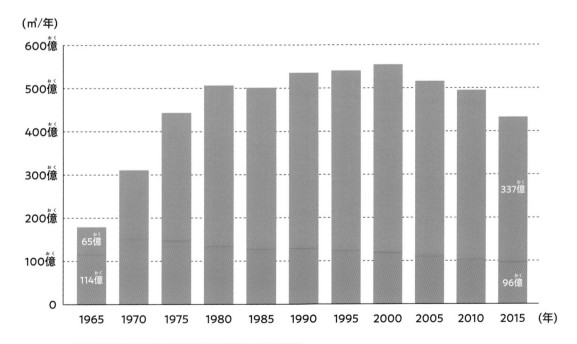

(㎥/年)

600億
500億
400億
300億
200億
100億
0

65億
114億

337億
96億

1965　1970　1975　1980　1985　1990　1995　2000　2005　2010　2015　(年)

■ 回収水の利用量　　■ 新しい水の利用量

出典：国土交通省「令和4年版水資源の利用状況」(2022年)

さまざまな分野で活躍する水

工業用水は、
冷却や温度調整のためだけに
使われるわけではないよ

精密な工業製品の製造に欠かせない「純水」

　精密な製品をつくる工場では、工業用水から不純物を取りのぞいた「純水」を利用します。純水は通常の工業用水よりも、ものをとかしこむ力が強く、その性質をさまざまな工程で生かしています。

　スマートフォンやコンピュータといった電子機器には、IC（集積回路）が内蔵されています。ICは、基板の上に、半導体でできたとても小さな部品を組み合わせてつくる精密な電子部品です。こうしたICをあつかう工場では、1ナノメートル（1センチメートルの1000万分の1の大きさ）の小さなごみや化学物質がつくだけで、部品がうまく作動しなくなる危険性があります。そこで、次の製造工程に進む前に、純水で部品をあらって小さなごみや化学物質を取りのぞきます。

コンピュータに内蔵されているIC。緑色の部分が基板。

半導体やガラス基板など、電子機器の部品を純水で洗浄する。

(写真提供：株式会社ニチワ工業)

純水は医薬品の濃度を
うすめるときにも使われるよ
不純物がないので、
薬の成分に影響を
あたえにくいんだ

水の圧力で切断

　飛行機や宇宙船の機体には、特殊な金属や樹脂が使われています。これらの素材は軽くてじょうぶです。しかし、かたすぎて金属製の刃物すら欠けてしまう素材や、熱に弱くて電動の刃物で加工すると熱が伝わり変形する素材もあります。こうした部品を切るときに、水の圧力が使われます。

　水の切断技術は衛生的なことから、食品や菓子の製造工場などで使われたり、手術などの医療分野で使われたりもします。

飛行機の機体によく用いられる「炭素繊維強化プラスチック」という樹脂を水の圧力を使って切断している。

(写真提供：株式会社エイチ・エー・ティー)

やわらかいいちごも衛生的に、形をくずさず切ることができる。

(写真提供：株式会社スギノマシン)

純水を利用して
ニュートリノをキャッチ

純水は、宇宙からやってくるニュートリノとよばれる素粒子を
観測するためにも、利用されています。

純水を使った観測装置「スーパーカミオカンデ」

ニュートリノは、物質を構成するもっとも小さい単位である素粒子のひとつで、なんでも通りぬける性質をもっています。ニュートリノは、宇宙が誕生したときや、太陽や星の中、星が最期をむかえて爆発をおこすときなど、さまざまな状況で生まれます。ニュートリノの観測は宇宙の成り立ちを知るカギになります。

ニュートリノは、なんでも通りぬけますが、ごくまれに水の分子（水を構成するつぶ）にぶつかります。ニュートリノが水にぶつかると、あわい光を発します。岐阜県にある観測装置「スーパーカミオカンデ」は、純水で満たされた地下のタンクを使って、ニュートリノがぶつかったときの光をとらえます。ふつうの水だと、ニュートリノがぶつかったときの光は水にふくまれている不純物にさえぎられて観測できません。しかし、不純物の少ない純水であれば、さえぎられることなく観測できます。

ニュートリノをとらえるしくみ

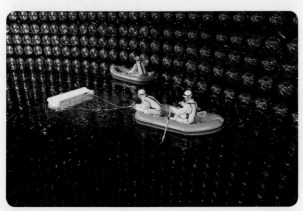

純水の入ったスーパーカミオカンデのタンク内部。純水に浮いている細かなごみを、細かいあみを用いた手づくりの道具を使って取りのぞく。写真上の人は、かべに設置された検出器をみがいている。

（写真提供：東京大学宇宙線研究所 神岡宇宙素粒子研究施設）

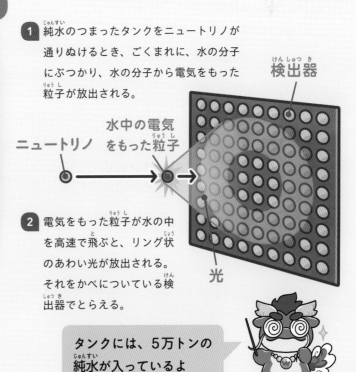

1 純水のつまったタンクをニュートリノが通りぬけるとき、ごくまれに、水の分子にぶつかり、水の分子から電気をもった粒子が放出される。

検出器

ニュートリノ

水中の電気をもった粒子

2 電気をもった粒子が水の中を高速で飛ぶと、リング状のあわい光が放出される。それをかべについている検出器でとらえる。

光

タンクには、5万トンの純水が入っているよ

伝統産業をささえる水

伝統的な
ものづくりでは
どんなふうに
水を利用して
いるのかな?

きれいな川がはぐくんだものづくり

日本にはたくさんの美しい川があり、川の水を利用した和紙や染め物といったものづくりや、川の流れを利用して木材を運ぶ林業など、多くの伝統産業がはぐくまれてきました。これらの伝統産業は、すがたを変えながら、現代まで受けつがれているものも少なくありません。

受けつがれてきた伝統とともに、かぎられた水資源を守るため、伝統産業での水の使われ方にも、変わってきている部分があります。ここでは、手すき和紙と染め物で、水がどのように使われているのかを見てみましょう。

1500年の伝統をもつ越前和紙

日本では古くから、手すきという方法で紙がつくられてきました。手すき和紙の材料は、コウゾ、ミツマタ、ガンピといった樹木の幹の皮です。これらの樹皮を煮たり、洗ったりして紙のもととなる繊維を取り出し、そこに材料をまぜたりして、紙をすいていきます。これらの工程でたくさんの水を使うため、和紙は川のある場所でつくられてきました。

越前和紙は、現在の福井県越前市の岡太川流域で生産されてきた手すき和紙で、その歴史は1500年にもおよびます。越前和紙は上質な和紙として知られ、江戸時代には幕府の御用紙（幕府に納められる紙）として使われました。現在では、卒業証書や証券といった正式な証書にも越前和紙が使われています。

じょうぶで美しく、最高品質として知られる越前和紙。

繊維を取り出しやすくするために煮た樹皮を水洗いし、よごれやごみを取りのぞく。

和紙の消臭や
抗菌の作用を期待して
宇宙で滞在するときの
服の素材に使われたことも
あるんだって!

水に、原料の繊維とネリ（トロロアオイ）をまぜて、「すげた」を使って紙を「すく」ようす。　（写真提供：越前和紙の里）

川が生み出す友禅染め

水の性質が仕上がりに直接影響するのが染め物です。友禅染めとよばれる染め物は、生地に染料で絵をえがいて染めます。よぶんな染料を落とすために水で洗い流す工程がありますが、このとき軟水（➡5巻）を使うとよいとされています。硬水を使うと、硬水にふくまれる金属成分などが染料と化学反応をおこし、本来の染料どおりの色が出なくなってしまうからです。

日本には軟水の川が多いため、染め物の産業が根づきました。よく知られる友禅染めのひとつが、石川県金沢市の加賀友禅です。金沢市を流れる浅野川では、現在でもよぶんな塗料やのりを流すための「友禅流し」を見ることができます。

加賀友禅の着物。「加賀五彩」とよばれる5色（藍、黄土、臙脂、草、古代紫）を基調として、美しい草花などがえがかれている。

彩色のときに色がにじまないよう、下絵の線にそって米粉でつくったのりを引く。

彩色する。色を濃い部分からだんだんとうすくする「ぼかし」などの技法が用いられる。

染めあがった生地を1時間ほど川の水にさらし、よぶんな染料やのりを洗い流す「友禅流し」。写真は、井戸水を室内に引き入れて友禅流しをしているようす。人工の川をつくることで、自然の川の水質を守るとともに、水温や水質が安定した環境で効率よく作業ができるようになった。

（写真提供：加賀友禅染色協同組合ながし館）

もっと知りたい！

木材を川に流して運ぶ

紀伊半島の山間にある和歌山県東牟婁郡北山村は、古くから良質なスギの木にめぐまれ、林業で栄えてきました。北山村では、「筏流し」という伝統的な木材の運搬技術が受けつがれてきました。これは、森林で伐採した木材を筏にして、川に流して運ぶという技術です。

現在、北山村では筏で木材を運ぶことはしていませんが、筏をつくる技術や川で筏をあやつる筏師の技を残していくために、観光客が筏に乗って川下りを体験できる観光筏下りをおこなっています。

筏下りに使われる筏は、全長30mにもなる。8本の丸太でできた筏は「床」とよばれ、その「床」を7つ連ねている。

筏をあやつる筏師。先頭の1人が櫂をあやつって船の進路を決め、2人目が丸太を舵にして船の向きを変える。

（写真提供：北山村）

身近にある野菜やくだもので布を染めよう

野菜やくだものを使って、布を染めることができます。
どんな材料がどんな色に変化して染まるのか、調べてみましょう。

草木染めは化学染料に対して天然素材を使う染め物だよ!

伝統的な染め物の方法「草木染め」

　植物の花や葉、実など使って布を染める方法を「草木染め」といいます。よく使われる材料に、アイやベニバナなどがあります。草木染めは古くから人びとに親しまれてきた染め物で、昔の人は、日常で身につける着物やてぬぐいなどを染め、くらしにいろどりをそえました。草木染めをはじめ、染め物には水が欠かせません。布を洗ったり、染色液や色を定着させる液をつくったり、水が重要な役割をしています。

ベニバナ（写真左上）を使った草木染め。花から赤い色素だけを取り出して染めるため、染めた布はあざやかな紅色になる（写真右）。

たまねぎの皮を使って染めてみよう!

たまねぎの皮を使って、簡単に染め物を楽しむ方法を教えます!

用意するもの

● 染める布（綿100%のもの）

● たまねぎの皮
（染める布の重さの半分〜同量）

● 計量カップ、はかり

● なべ

● ボウル

● ざる

● 輪ゴム

● キッチンペーパー

● 豆乳（成分無調整のもの）

● ミョウバン
（スーパーマーケットの漬け物コーナーなどに置かれている）

注意! 火や熱湯を使うときはかならず大人と作業し、やけどをしたり火事になったりしないよう注意しよう。

染める前に布を豆乳につけておくと豆乳にふくまれているたんぱく質が布にしみて布が染まりやすくなるよ!
水と豆乳を1:1の割合でまぜて布をつける液を用意しよう!

布の染め方

布の準備 ➡

1 水と豆乳をまぜた液に、布を30分つけておく。軽くゆすいで、干してかわかす。

2 もようをつけるために、布の好きなところを輪ゴムなどでしばる。

染色液をつくる ➡

3 たまねぎの皮をなべに入れ、たっぷりつかるぐらいまで水を入れる。

4 なべを強火にかけ、ブクブクと煮立ったら、弱火にして20分煮出す。

5 ざるにキッチンペーパーをしき煮じるをこす。煮じるをなべにもどす。

布を染める ➡

6 煮じるが入ったなべに布を入れ、弱火で15分煮る。火を止めて冷ます。

媒染液をつくる ➡

7 1Lのお湯を張ったボウルに2gのミョウバンを入れてよくとかす。

ポイント
媒染液とは、化学反応によって染めた色を定着させる液のこと。ミョウバンにふくまれるアルミニウムがその役割をするよ。

色を定着させる ➡

8 軽く水洗いした布を媒染液につけ、布を上下に返しながら、20分つけておく。

布をしばる場所や数で、もようが変わるよ!

草木染めは、使う材料や環境によって仕上がりが変わるのがおもしろいよ!

9 布を媒染液から出して水で洗い、かわかしたら完成!

4 都市活動用水として使う

水は、わたしたちがくらすまちのいたるところで使われています。
まちで使われる水について見てみましょう。

まちの活動のために使われる水

人が生活のなかで使う「生活用水」のうち、家の中で使う水を「家庭用水」といいます（➡1巻）。これに対して、家の外で使う水を「都市活動用水」とよびます。

都市活動用水は、まちの活動のために使われる水です。学校や会社で使う水、飲食店やデパート、ホテル、プールといった施設が営業をするために使う水、噴水や公衆トイレなど公共の設備で使われる水などがふくまれます。

また、火災が起きたときに使う消火用水も都市活動用水です。消火用水は、水道管に取りつけられた消火栓（開閉装置）を開けると使うことができるようになっています。

公園の噴水や公衆トイレの水には、一度使った水を処理した再生水や雨水の利用も進められている。

消火用水の消火栓。地面の下や建物の壁面など、まちのいたるところに設置されていて、火災時には栓を開け、消防車のホースにつなぐなどして使う。

水を大切に使うくふう

まちでは毎日たくさんの水が使われますが、それぞれの地域や施設では水をむだなく使うために、さまざまなくふうをしています。

たとえば、学校や商業施設などでは、水道水のほかに、一度使った水をろ過するなどして処理した「再生水」（➡2巻）や、雨水の利用が進んでいます。

雨水をためて野菜づくりや庭木、花だんの水やりに使っている学校があるよ

学校やまちでどんなくふうをして水を使っているか調べてみよう！

東京ドームで利用される水の半分は雨水と再生水

野球などで利用される東京ドーム（東京都文京区）は、大きな屋根に降った雨水を集めて地下にある雨水貯水そうにため、トイレの洗浄水や消火用水として利用しています。また、施設内の洗面所や調理場で使った水は調整そうやろ過装置を通して、これらもトイレの洗浄水として再利用しています。施設内での雨水や再生水の利用量は、施設で使う水全体の半分ほどになっています。

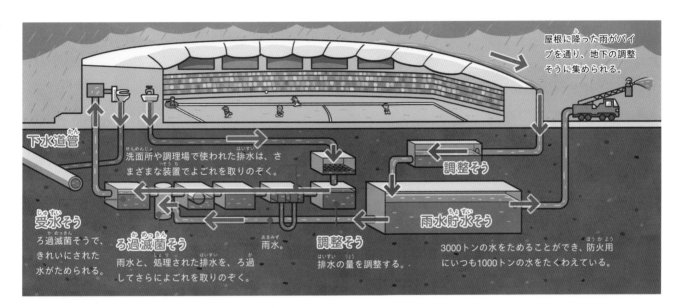

屋根に降った雨がパイプを通り、地下の調整そうに集められる。

下水道管
洗面所や調理場で使われた排水は、さまざまな装置でよごれを取りのぞく。

調整そう

受水そう
ろ過滅菌そうで、きれいにされた水がためられる。

ろ過滅菌そう
雨水と、処理された排水を、ろ過してさらによごれを取りのぞく。

雨水。

調整そう
排水の量を調整する。

雨水貯水そう
3000トンの水をためることができ、防火用にいつも1000トンの水をたくわえている。

もっと知りたい！

温泉水をまち全体で活用している別府温泉

大分県別府市は、1000年以上の歴史をもつ温泉地として知られています。温泉とは、地下で熱せられてわき出る温かい地下水のことで、別府市では、2854の源泉（水がわき出るみなもと）から、50℃前後の温泉が1分間に10万2777Lもわき出ています（大分県「温泉データ」2022年4月）。別府市では、わき出る温泉水をふろとして使うだけではなく、生活のなかのさまざまな場面で幅広く活用しています。

別府八湯のひとつに数えられる鉄輪温泉。あちこちにある源泉から湯けむりが立ちのぼる。

（写真提供：別府市）

温泉の活用例

生活用水として使う
温泉水を洗たくや食器洗い、そうじなどに使う。

暖房に使う
床下や温泉暖房機に温泉水を通して部屋などを温める。

ハウス栽培
温泉から出る温かい蒸気でビニールハウス内を温めて、シクラメンや洋ランを栽培する。

調理に使う
高温の蒸気を釜にあてて、野菜を蒸したりごはんを炊いたりする。

発電に使う
勢いよくふき出る蒸気を発電に使う。

「地獄釜」とよばれる釜に高温の蒸気をあてて、食材を一気に蒸し上げる。

（写真提供：別府市）

水とともにはぐくまれた
日本の文化・風習

日本には、水とともに根づきはぐくまれた文化や風習があります。
ここでは、今も残る文化や風習を見てみましょう。

水で清める

　日本では、古くから水は「けがれのないもの」として、けがれたものを洗い流すために水を利用する習慣がありました。神社でお参りするときの「手水」のほか、道や庭に水をまく「打ち水」も、本来は神の通り道を清める役割があったといわれています。

手水

神社やお寺にお参りする前に、手や口を清めること。入り口にある「水盤」に入った水を、ひしゃくですくって手や口をすすぐ。

水盤

ひしゃく

水ごり

冷水を浴びて心身を清め、神仏にいのること。もともとは修験道という日本古来の信仰などから生まれたもので、信仰のちがいによって「みそぎ」「水行」などともいう。

ふろに入ったり
水ぶきで掃除をしたり
することも、水で清める
意味合いがあるともいわれているよ

打ち水

道や庭先に水をまくこと。夏の暑い日に気温を下げたり、ほこりをおさえたりするためにおこなう。また、茶道の作法から、客をまねく場所を水で清めるときにもおこなうことがある。

水を感じて楽しむ

　水には、心を落ち着かせ、安らぎをあたえてくれる力があります。昔から、人びとは水のある風景をながめたり、水辺ですずんだり、水の音を聞いたりして、水を感じて楽しんできました。

納涼床（のうりょうゆか）

京都・鴨川（きょうと・かもがわ）の夏の風物詩。川にせりだすようにもうけられた飲食店の高床式（たかゆかしき）の席で、人びとは風景をながめ、すずみながら食事を楽しむ。

池泉庭園（ちせんていえん）

池（いけ）を配置する日本庭園の様式のひとつ。平安時代には貴族（きぞく）たちが舟（ふね）を浮（う）かべ、鎌倉（かまくら）時代には建物の中から、季節によってうつり変（か）わる自然（しぜん）を楽しんだ。写真は栗林公園（りつりんこうえん）（香川県高松市（かがわけんたかまつし））。

池を海に見立てているんだって。庭園の中に自然（しぜん）の風景を表現（ひょうげん）しているんだね！

水琴窟（すいきんくつ）

地中にうめたかめの中に、ぽとん、ぽとんと落ちる水てきの音色を楽しむもの。かめの中で音（こと）が反響（はんきょう）し、琴の音のように聞こえることからこうよばれる。写真は角川庭園（かどかわていえん）（東京都杉並区（とうきょうとすぎなみく））にある水琴窟。

水琴窟（すいきんくつ）

水門（すいもん）　手水鉢（ちょうずばち）

かめ

しきつめられた小石のすき間から、水門（かめのあな）を通って底（そこ）に水てきが落ちるときに音がする。

水の神様「水神（すいじん）」をまつる

　水神（すいじん）は水をつかさどり、水害（すいがい）や火災（かさい）をふせぐという神様です。昔の人びとにとって、水はありがたい自然（しぜん）からのめぐみであると同時に、大雨をもたらすおそろしいものでもありました。そこで、水のあるところに水神をまつり、人びとが水害で苦しまないよういのったのです。
　水神は、川、滝（たき）、池、井戸（いど）などいろいろな場所にまつられています。稲作（いなさく）が生活の中心だった日本では、水神が水田のかんがいをつかさどり豊作（ほうさく）をもたらすとして、田植えの時期に水神祭（すいじんさい）をおこなう地域（ちいき）もあります。

古墳（こふん）の石室にまつられた水神（すいじん）。芦屋神社境内古墳（あしやじんじゃけいだいこふん）（兵庫県芦屋市（ひょうごけんあしやし））。

調べてみよう

地域の水資源について調べよう

自分が住んでいる地域にどんな水資源があり、どんなふうに使われているかを調べてみましょう。

どんな水資源があるか調べてまとめてみよう!

環境省のウェブサイト「名水百選」で調べよう

環境省のウェブサイト「名水百選」を利用して、地域の水資源について調べてみましょう。「名水百選」には、1985（昭和60）年3月に選定された「昭和の名水百選」と、2008（平成20）年に選定された「平成の名水百選」があります。「水質・水量」「由来・歴史」「水質保全活動」「周辺の自然環境」「利用状況」「イベント情報」について調べることができます。

日本各地には、さまざまなかたちで利用されてきた美しい湧水や河川があり、地域の人びとによってその環境が守られてきました。自分の住んでいる地域の「名水」を調べて、どんな水資源があるのかまとめましょう。

ステップ1

「名水百選」のページを開こう

まずは、インターネットの検索サイトで「環境省＋名水百選」と入力して、「名水百選」のウェブサイトを開きましょう。「昭和の名水百選」、または「平成の名水百選」のどちらかを選び、地図が表示されたら調べたい地域をクリックすると、「名水」がある場所が表示されます。

地図を見ると自分の住んでいる地域のどこに、どんな名水があるかわかるよ

出典：環境省のウェブサイト「名水百選」より
https://www.env.go.jp/water/meisui/

ステップ2

水資源がどんなことに利用されているか調べよう

ステップ1で表示された地図の中から調べたい名水を選び、しょうかいページを開きましょう。「利用状況」のところを見て、水道水、農業用水、工業用水など、どんなことに使われているかを調べましょう。また、歴史や周辺の自然環境についても見てみましょう。

「水質保全活動」のところでは
名水を守るために
地域でおこなわれる活動が
しょうかいされているよ

出典：環境省のウェブサイト「名水百選」より
https://www.env.go.jp/water/meisui/

ぼくの住んでいる地域の水資源

ぼくの住んでいる地域の〇〇川周辺には、湧き水がたくさんあることがわかったよ。地下水が豊富で、近くにある水道局の施設の井戸で取水して、ほかの川の水とまぜて水道水として使っているんだって。地域には、みんなが水に親しめるように、この湧き水を利用した親水公園がつくられていることもわかったよ。

わたしの住んでいる地域の水資源

わたしの住んでいる地域を流れる△△川の水は、農業用水や生活用水に利用されているよ。地域では米づくりがさかんで、田んぼの水は△△川から引き入れているんだ。それから、△△川には水力発電の施設が2か所あるんだって。△△川は、わたしたちのくらしをささえているんだなあと感じたよ。水質がよくて、酒づくりにも利用されているんだって。

5 水力からつくるエネルギー

水は、「電力」という、わたしたちの生活になくてはならない
エネルギーをつくり出すためにも利用されています。

💧 水の力を利用する

人は昔から、高いところから低いところへ流れる水の力を動力に変えてきました。そのひとつが水車です。江戸時代には、このような「動力水車」が発達し、田んぼに水をくみ上げたり、穀物の製粉に使ったりと、さまざまなことに使われていました。

また、水は、動力だけではなく、その流れる力でタービン（➡40ページ）を回し、電力をつくる「水力発電」にも利用されています。

山や川が多い日本では、昔から水力発電がさかんでした。最初の水力発電所は、1891（明治24）年、琵琶湖疏水を利用して運転を開始した蹴上発電所です。発電した電力は、街灯や工場の電力、鉄道にも使われ、産業の近代化を進める重要な電力源となりました。

その後、全国に水力発電所が次つぎと建造され、1960年ごろまでは、水力発電が主流でしたが、現在では火力発電が大部分を占めるようになり、2021（令和3）年度の水力発電は全体の電力の9.9%となっています。

水車　くみ上げた水　用水路

用水路の水の流れを利用して、用水路より高い位置に水をくみ上げる水車。写真は福岡県朝倉市の三連水車。

水力発電は、
石油や石炭などの化石燃料に
たよることなく
エネルギーを得ることが
できるんだ！

鉄管

蹴上発電所。右に見えるのは、水を通す鉄管。

（写真提供：田中秀明／アフロ）

日本の発電電力量の割合

日本では電気をつくるのに、化石燃料を使った火力発電の割合が一番多くなっています。水力発電は、全体の10%も満たない割合ですが、発電効率が高く、火力発電とちがい、二酸化炭素を出さないという利点があります。

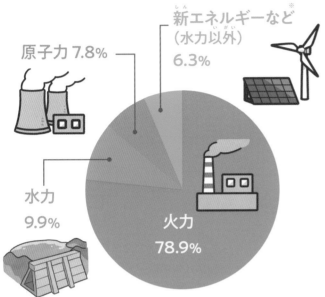

原子力 7.8%

新エネルギーなど※（水力以外）6.3%

水力 9.9%

火力 78.9%

出典：経済産業省「2021年度分電力調査統計」（2022年7月22日時点）
※新エネルギーなどには、風力・太陽光・地熱発電などをふくむ。
※バイオマス発電と廃棄物発電による電力量は、「火力発電」および「新エネルギーなど」にそれぞれ計上されている。

水力発電の発電方式

上流をダムでせきとめ、大きな貯水池をつくって水をため、水が高いところから低いところへ流れる力を利用して発電する「貯水池式水力発電」や、川の水をそのまま発電所に引きこみ発電する「流れこみ式水力発電」などがある。

貯水池式水力発電をおこなう静岡県浜松市の佐久間ダム。

もっと知りたい！

もっとも効率がよい水力発電

「発電効率」とは、エネルギーをどれだけ電力に変えられるかの割合をあらわします。火力発電の発電効率は約55％。化石燃料を燃やしたときの熱の一部が廃熱として失われ、発電に使われないためです。一方、水力発電の発電効率は80％ほど。水の流れる力のほとんどを電力に変えることができ、とても効率がよい発電といえます。

でも日本にはもう大きな水力発電所をつくる場所がないんだって

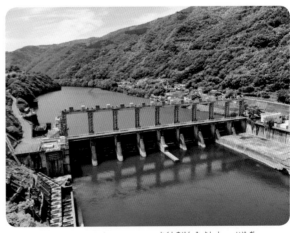

流れこみ式水力発電をおこなう徳島県三好市の池田ダム。

発電するためのダムは発電ダムというんだって。ダムの種類は、1巻でしょうかいしているよ！

大規模水力発電

大規模水力発電は、大量の電力が供給できるけど、設備にお金がかかるし自然環境にもえいきょうをあたえるんだって

💧 水の落差を利用してタービンを回す

大規模な貯水池式水力発電では、川の上流をダムでせきとめて貯水池（ダム湖）をつくり、そこから大量の水を流し、その落差でタービンを回して発電します。貯水池から流す水の量を増やしたり減らしたりして発電量を調整できるの

が特徴です。そのため、多くの電力を使う昼間の時間帯に合わせて発電されています。

水力発電は、多くの水を必要とするため、長期間日照りがつづくと、水不足になり、発電できなくなる欠点もあります。

貯水池式水力発電のしくみ

上流にダムをつくって水をため、大きな貯水池をつくります。貯水池から流れる水の力でタービンを回し、タービンの回転が発電機に伝わり発電します。発電に使った水は、下流の川へ流されます。

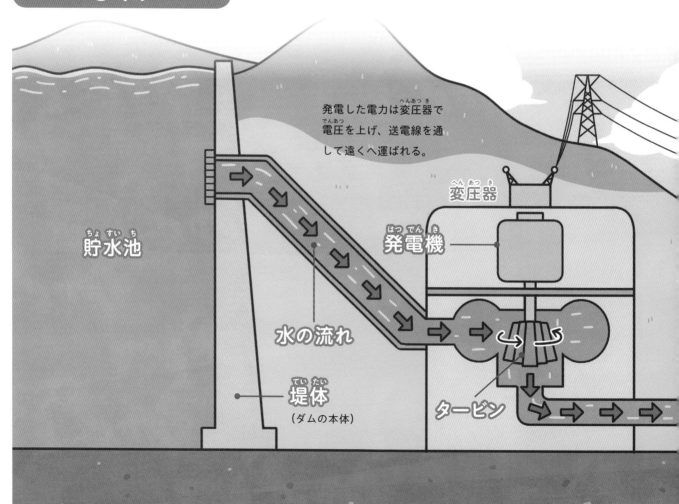

発電した電力は変圧器で電圧を上げ、送電線を通して遠くへ運ばれる。

変圧器

発電機

貯水池

水の流れ

タービン

堤体
（ダムの本体）

電力を有効活用する揚水発電

大規模水力発電のひとつである揚水発電では、発電所の上下に貯水池をつくり、電力使用量が少ない夜間などの時間帯に、ほかの発電所で発電した電力を使って、下の池から上の池に水をくみ上げてためておきます。ためておいた水は、電力をよく使う昼間などにふたたび下の池へ流して発電します。

このように、揚水発電は、ほかの発電所であまった電力を有効活用できます。

揚水発電のしくみ

電力使用量が少ない夜間などに、ほかの発電所であまった電力を使い、水をくみ上げます。くみ上げた水は、また下の貯水池に落として発電に使います。

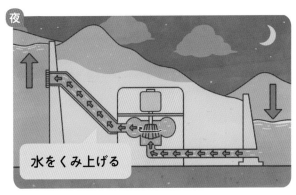

夜

水をくみ上げる

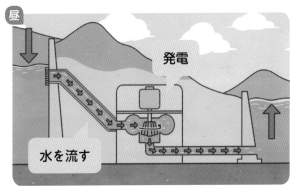

昼

発電

水を流す

電力の流れ

送電線

川

洪水にならないように川の水を一時的にためるダムもあるよね

水をためて飲み水や工業用水などに使うダムもある。いくつかの目的を兼ね備えたダムを、多目的ダムというよ

小水力発電

小水力発電は、自然環境にふたんをかけなくてすむ注目の発電方法なんだって！

小規模で取り入れやすく環境にやさしい

ダムなどを使った大規模水力発電とくらべて規模が小さく、小さな川や用水路、上下水道などを利用する発電方法を、小水力発電といいます。ひとつの発電でつくり出す電力量は小さいものの、森や川を開発して巨大なダムをつくる必要がないため、周辺の自然環境への影響が少なくてすみます。

日本には「河川法」という法律が定められていて、水の利用には、かならず水を管理する自治体の許可が必要になります。以前は、その手続きがとても複雑だったため、簡単には小水力発電を設置することができず、なかなか普及しませんでした。

しかし、2013年に法律が改正され、手続きが大幅に簡単になった結果、小水力発電を導入しやすい環境が整ってきています。

水の流れを利用する小水力発電

水が高いところから低いところへ流れる場所に水車を設置し、水車が回転する力を発電機に伝えて発電します。この水車のしくみは「重力式水車」といって、江戸時代より前からあるものです。

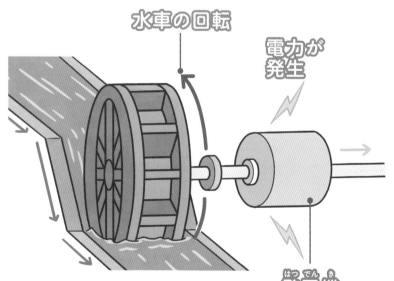

水車の回転

電力が発生

発電機

水の流れ
水が高いところから低いところへ流れる。

水の流れる力によって水車が回転し、さらにその力が発電機に伝わり発電する。

近年開発された、らせん水車。かれ葉やごみなどがつまりにくく、落差が少なくても発電効率がよいため、水田などの用水路などで使われている。

（写真提供：日本工営株式会社）

さまざまな小水力発電

川や用水路、上下水道など、水が流れるさまざまな
場所に設置できるのが小水力発電の利点です。

どの発電も水の落差を
利用しているんだよ

農業の用水路を利用した発電施設。

小さな川や用水路で発電する

水田に使う用水路などに発電機を設置して発電する。

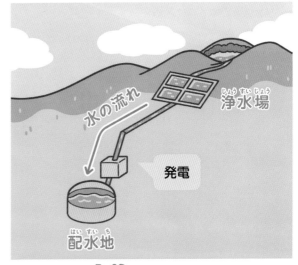

上水道を利用して発電する

水をきれいにする浄水場から水をたくわえる配水池へ
流す水道管に発電機を設置して発電する。

下水道を利用して発電する

排水管や下水道管の中に発電機を設置し、下水の流れ
で発電する。

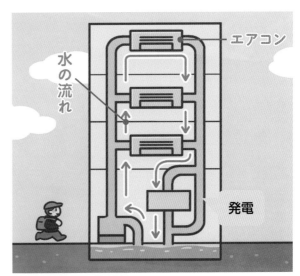

冷却水を利用して発電する

エアコンに使うためにビルの中を通る冷却水の管に発
電機を設置して発電する。

6 水資源のこれから

水はわたしたちの大切な財産です。かぎりある水資源を守るため、
水の使い方を考えていく必要があります。

世界で足りなくなる水資源

　世界の人口は急速に増え、80億人（2022年現在）をこえています。人口が増えれば増えるほど、水の使用量も増えます。農作物を育てたり工業製品をつくったりするのに、川や湖の水、地下水が大量に使われていて、世界各地で川や湖、地下水がかれています（➡5巻）。

　また、温暖化も地球規模の水のじゅんかんをくるわせ、雨量が極端に多い地域と極端に少ない地域を生み出しています。

　日本は水に困っていないように思えますが、将来、温暖化の影響で降雨量の変化が大きくなると、水不足になやむことも多くなると考えられています。

人間が利用できる水の量は、地球に存在する水全体の0.01%にすぎず、みんなで分けあうしかない。

人口が増えると大量の水が使われる

水資源のほとんどは生活用水ではなく、食料や工業製品の生産のために使われ、世界各地で湖や川などの水量が減っています。

温暖化によって水じゅんかんがくるう

温暖化にともなう気候変動が原因で、降雨量にかたよりができます。

洪水を引き起こすほどの豪雨が降る場所。

日照りがつづいて干ばつとなり、水が不足する場所。

工業生産に使われる。

農作物の生産に使われる。

家畜の生産に使われる。

💧 水資源はだれのもの？

　わたしたちは、森や山に降った雨や雪が地中にしみこんでつくられた地下水や、地下水が地表にわき出て川や湖となった水を利用しています。水資源は水源の土地をもっている人のものではなく、わたしたちみんなで共有する財産です。水源となる森はみんなで守っていかなければなりません。川の水や地下水を利用するときは、それぞれが勝手に使うのではなく、水を利用する人たちでルールを決める必要があります。

静岡県清水町にある柿田川湧水群。富士山に降った雨や雪が地下に流れこんで溶岩の間をゆっくり流れ、湧き水となってあらわれる。1日約110万トンの水量が湧き出し、飲料水や工業用水に使われている。

水はみんなで共有して使っている

　地下水を企業などが利用する場合は、地域によってルールが異なります。いっぽう川の水を利用する場合は、利用の目的や取水量をとどけ出て、自治体の許可を得なければなりません。

水をつくるのは森林。森林の環境を守ることが水資源を守ることになる。

水田は地下水をはぐくむはたらきもある。

地下水

家庭で利用する

学校で利用する

工場で利用する

旅館やホテルで利用する

よごれた水を流したら、みんなこまっちゃうね

水をむだに使ったら、なくなっちゃうよ

さくいん

ここでは、この本に出てくる重要な用語を50音順にならべ、その内容が出ているページをのせています。
調べたいことがあったら、そのページを見てみましょう。

クイズの答え

第1問の答え ① ➡10ページ

水田かんがい用水、畑地かんがい用水、畜産用水の合計のうち93.6%を水田かんがい用水がしめている。

(2019年 国土交通省調べ)

第2問の答え ③ ➡26ページ

「純水」は工場で精密な部品の洗浄などに使われる。

第3問の答え ③ ➡29ページ

筏流しという伝統的な運搬方法で運んだ。

第4問の答え ② ➡32ページ

公園の噴水もふくめ、まちの活動のために使われる水を都市活動用水という。

第5問の答え ① ➡38、40ページ

水が高いところから低いところへと流れる力を動力に変える。

第6問の答え ① ➡34ページ

日本では、古くから水は「けがれのないもの」という考えがあり、神社にお参りする前におこなう手水も、その考えからおこなわれている。

第7問の答え ① ➡8ページ

地球上のほとんどの水が海水で、わたしたちが利用できる水はわずかしかない。

第8問の答え ③ ➡11、13ページ

水源から農地まで、農作物の栽培に必要な水を送る。

第9問の答え ③ ➡18ページ

豆腐をはじめとした、日本の伝統的な食品の品質を決めるうえでも、水は重要な役割をになっている。

第10問の答え ② ➡21ページ

植物プランクトンをこしとり食べて成長する。

監修
西嶋 渉（にしじま わたる）

広島大学環境安全センター教授・センター長。研究分野は、環境学、環境創成学、自然共生システム。水処理や循環型社会システムの技術開発、沿岸海域の環境管理・保全・再生技術開発などを調査・研究している。公益社団法人日本水環境学会会長、環境省中央環境審議会水環境部会瀬戸内海環境保全小委員会委員長。共著に『水環境の事典』（朝倉書店）など。

[スタッフ]
キャラクターデザイン／まじかる
イラスト／まじかる、大山瑞希、青山奈月貴、永田勝也
装丁・本文デザイン／大悟法淳一、大山真葵、神山章乃、中村あきほ（ごぼうデザイン事務所）
DTP／天龍社
校正／株式会社みね工房
執筆協力／鈴木 愛
編集・制作／株式会社KANADEL

[取材・写真協力]
越前和紙の里／NXアグリグロウ株式会社／大分県別府市／加賀友禅染色協同組合ながし館／株式会社アフロ／
株式会社エイチ・エー・ティー／株式会社スギノマシン／株式会社東京ドーム／株式会社ニチワ工業／株式会社フォトライブラリー／
気仙沼観光推進機構／50noen／佐賀県／JFEスチール株式会社／
重松食品／静岡県経済産業部農業局農芸振興課／大王製紙株式会社／
東京大学宇宙線研究所神岡宇宙素粒子研究施設／日本工営株式会社／ピクスタ株式会社／
兵庫県立農林水産技術総合センター／和歌山県東牟婁郡北山村

水のひみつ大研究 **4**
水資源を調査せよ!

発行　2023年4月　第1刷

監修　　　西嶋 渉
発行者　　千葉 均
編集　　　大久保美希
発行所　　株式会社ポプラ社
　　　　　〒102-8519　東京都千代田区麹町4-2-6
　　　　　ホームページ　www.poplar.co.jp（ポプラ社）
　　　　　kodomottolab.poplar.co.jp（こどもっとラボ）
印刷・製本　今井印刷株式会社

あそびをもっと、まなびをもっと。
こどもっとラボ

水のひみつ大研究

全5巻

監修 西嶋 渉

- 上水道、下水道のしくみから、水と環境の関わり、世界の水事情まで、水についていろいろな角度から学べます。
- イラストや写真をたくさん使い、見て楽しく、わかりやすいのが特長です。

1 水道のしくみを探れ!

2 使った水のゆくえを追え!

3 水と環境をみんなで守れ!

4 水資源を調査せよ!

5 世界の水の未来をつくれ!

小学校中学年から
A4変型判／各47ページ
N.D.C.518

図書館用特別堅牢製本図書

◆ テーマ　わたしの地域の用水路

◆ 名前

◆ 用水路の名前

◆ 用水路がある場所

◆ 用水路について調べてみよう

わかったところに☑を入れて記入しよう

☐ 水源

☐ 完成した年

☐ 長さ(延長)

☐ かんがい面積

◆ 用水路がつくられた理由など、ほかにもわかったことを

まとめてみよう

コピーして使おう